CATALOGUE

DES FRUITS ET DES PLANTES MODÈLES

COMPOSANT

Le Carporama,

RUE GRANGE-BATELIÈRE, N° 2.

PRIX : 50c.

CATALOGUE

DES FRUITS ET DES PLANTES MODELÉS

COMPOSANT

Le Carporama,

RUE GRANGE-BATELIÈRE, N°. 2.

IMPRIMERIE DE Mme. V^e. DELAGUETTE,
RUE S.-MERRY, N°. 22, A PARIS.

NOTICE.

Mr. de Robillard d'Argentelle, ancien Capitaine Français, sorti de l'Artillerie de Marine, quitta la France, attaché à l'Etat-Major de M. le Lieutenant-Général de Caen, lors de son expédition pour l'Inde.

Pendant quelques années qui précédèrent son départ, et qu'il passa en Italie, où son état militaire l'avait appelé, son goût, son enthousiasme pour les arts, lui firent perfectionner, en peinture et en sculpture, des talens qu'il avait déjà cultivés en France avec succès, et qu'il ne pouvait cesser de chérir toujours. A Rome, à Florence, à Naples, il en reçut les dernières leçons, et bientôt l'Inde étala ses riches et étonnantes productions aux yeux d'un artiste capable de les reproduire dans leurs plus petits détails.

On voit qu'il a fallu un grand hazard pour porter dans ces climats lointains un Artiste consommé en tous genres, qui réunit en lui les qualités du peintre, du sculpteur, du modeleur et du botaniste, en un mot, l'auteur de la collection de fruits et de plantes équatoriaux qui composent aujourd'hui le Carporama.

Ce beau travail n'a jamais rebuté la persévérance de son auteur. Arrivé en 1802 à l'Ile de France, avec l'expédition dont il faisait partie, il ne cessa d'y consacrer tout son temps, surtout après la prise de l'île, par les Anglais, époque à laquelle il se retira du service. Ce fut alors que, libre de tous ses instans, que retiré au milieu d'une campagne où il n'était entouré que de ses modèles, qu'encouragé d'ailleurs par les suffrages de savans botanistes, de voyageurs instruits et éclairés, qui s'empressaient, à leur passage, de visiter une collection encore naissante, mais qui fixait déjà l'attention, ce fut alors qu'il résolut de donner à son travail une étendue qui put offrir à la science un intérêt majeur, et de ne quitter la Colonie qu'en emportant avec lui une série nombreuse des productions de l'Equateur, dont la majeure partie n'est encore connue, jusqu'à ce jour, que par des dessins ou des descriptions plus ou moins complètes.

Sans doute l'imitation des Plantes, de leurs Fleurs et de leurs Fruits, est en vigueur depuis long-temps en Italie et en France, mais comme jusqu'à présent cette imitation n'a eu pour but que de faire des objets d'ornemens, les artistes qui ont pratiqué ce genre d'industrie ont trouvé, dans ce but lui-même, un moyen d'éviter les difficultés phytologiques que présentait leur exécution. Ainsi, dans ces corbeilles de fruits, dont on orne les consoles, des espèces de différentes sortes, grouppées les unes sur les autres, se soutiennent mutuellement, et encore cet appui ne remédie-t-il qu'imparfaitement à la fragilité de la mince couche de cire qui les compose, en peu le temps ces objets se déforment ou se brisent, même à l'abri du bocal qui les couvre.

L'entreprise de M[r]. D'ARGENTELLE présentait donc d'autres obstacles encore que ceux de reproduire la nature dans la dernière perfection ; Il lui fallait transporter un jour son ouvrage en Europe, il fallait qu'il arrivât intact, et jamais la chose n'eut eu lieu si la cire seule en eut été la base. Une composition, un alliage durable, qui joignît à l'éclat, à la fraîcheur, à l'air de vérité qu'aurait pu prendre la cire pure, une solidité presque métallique, de force à résister aux cahots du transport ; inaltérable, soit par la température brûlante de la ligne, soit par l'influence de l'air salin, si funeste aux couleurs, devint alors le but des recherches constantes de M[r]. D'ARGENTELLE, et l'arrivée intacte de sa collection, à Paris, vers la fin de 1826, a pleinement justifié ses espérances.

Ici se terminèrent les travaux de cet artiste distingué. Une mort prématurée vint l'enlever à sa famille et aux arts, au moment où il allait voir son nom s'environner d'une honorable célébrité et recueillir le prix de vingt-cinq ans de voyages et d'un travail unique dans son genre : unique est le mot, tant par les objets qui le composent que par leur mode d'exécution ; ou bien il faudrait supposer que, par un concours de circonstances étranges, quoique possibles, un autre individu, dans une autre Colonie, doué d'un génie inventif comme celui de M. d'Argentelle, habile, adroit, persévérent, désintéressé comme lui, vienne, à son exemple, de passer vingt-cinq ans à imiter, tige par tige, feuille par feuille, fruit par fruit, plus de cent échantillons des plantes des tropiques, depuis l'immense cocotier jusqu'au plus petit arbuste; l'Europe, en admettant cette supposition, posséderait alors deux collections pareilles.

Nous ne relaterons pas ici l'enthousiame des habitans de l'Ile de France, qui sollicitèrent en masse, de Mr. d'Argentelle, au moment de son départ, la faveur d'admirer, pour la dernière fois, le chef-dœuvre qui avait été créé parmi eux et dont la France allait s'enrichir. Nous tairons les éloges prodigués à son talent par toute cette Colonie, ainsi que les regrets manifestés par les journaux anglais, lorsqu'ils apprirent que ce beau travail était passé à Londres *incognito*. Nous laisserons encore ignorer les offres nombreuses d'acquisition, réitérées dans le pays même, et toujours infructueuses auprès de l'auteur, dont l'ambition était de soumettre un jour à l'approbation des Savans de sa patrie, un ouvrage auquel il avait consacré ses plus belles années, mais nous nous empresserons de donner ici un extrait du rapport fait, en août dernier, par MM. de Cassini, Labillardière et Desfontaines; il fait assez connaître le mérite de cette collection. Ces savans Académiciens s'expriment ainsi en parlant de Mr. d'Argentelle:

« Cet habile Artiste, doué de talens distin-
» gués, en peinture et en sculpture, ayant fixé, en
» 1802, son séjour à l'Ile de France, entreprit
» de représenter, avec une fidélité scrupuleuse,
» et par des procédés de son invention, beau-
» coup plus parfaits que ceux employés jusqu'à
» ce jour, les productions les plus remarquables
» et les plus intéressantes que la nature a pro-
» diguées avec tant de richesse entre les tropiques.

» Vingt-cinq années ont été employées à ce
» travail, dont le résultat est une collection de
» 112 Plantes *représentées de grandeur naturelle*,
» en tout ou partie, avec une perfection telle,
» qu'elle peut faire illusion aux yeux du bota-
» niste le plus exercé, etc.

» Indépendamment du mérite de l'exactitude
» la plus minutieuse, les ouvrages de Mr. D'AR-
» GENTELLE ont, sur tous ceux du même genre,
» un avantage qui mérite d'être signalé, c'est celui
» de la solidité, et d'une solidité à toute épreuve,
» puisqu'ils ont subi, sans aucune dégradation, le
» transport de l'Ile de France à Paris.

» Chaque fruit a un noyau solide. Chaque
» branche, chaque feuille a, dans son intérieur,
» une carcasse en fer qui leur procure, outre la
» solidité, la souplesse qu'elles auraient natu-
» rellement, etc.

» Mr. D'ARGENTELLE est mort sans laisser au-
» cune instruction sur ses procédés, ce qui,
» assurément, est regrettable. Il paraît qu'il

» employait, selon les convenances, de la cire,
» du bois, de la tôle, du coton, des résines,
» et peut-être de la pâte de riz, etc.

» Au résumé, les beaux ouvrages de Mr. D'ARGENTELLE sont très-supérieurs à tout ce que l'on » connaît dans ce genre; ils ont atteint toute » la perfection désirable et sont dignes de figurer honorablement dans un Musée d'histoire » naturelle, ouvert au Public, où ils attireront » infailliblement les regards des spectateurs, en » leur procurant la parfaite et facile connaissance d'objets intéressans, auxquels est acquise » une sorte de célébrité, tels que, etc. »

Ainsi, la collection de Mr. D'ARGENTELLE peut offrir un intérêt général. Le botaniste, tout le premier, y découvrira à l'aide de la loupe des détails imperceptibles que n'avaient jamais présentés à ses yeux des herbiers décolorés, et des fruits secs dépourvus de leurs pulpes. Le dessinateur, le peintre, puiseront dans le port des rameaux, dans le feuillage et ses teintes, de nouvelles inspirations pour leurs crayons et leurs pinceaux. Le voyageur sentira renaître ses souvenirs à l'aspect de ces *Litchis* délicieux, de ces *Papayes*, de ces *Mangues* fondantes, qu'il aura touchés et mangés si souvent. Le curieux enfin, le simple amateur se familiarisera, pour la première fois, avec ces végétaux somptueux, si vantés dans les récits des navigateurs, avec ces *Cocotiers*, ces *Arbres à Pain*, ces *Pommes de Cythère*, ces

Pamplemousses, ces *Dates*, dont il a cent fois lu les noms dans les charmantes pages d'*Atala* ou de *Paul et Virginie*, et dont il voudra voir l'imitation, rivale de la réalité, qu'on peut être sûr de trouver au Carporama.

Terminons en disant un mot de l'esprit qui a présidé à la formation de ce Catalogue. En le rédigeant, nous n'avons eu qu'un but, celui d'offrir aux gens du monde, une indication rapide, claire et précise, des patries, usages et propriétés de chaque pièce, afin que l'intérêt, qui nait déjà de la représentation matérielle des objets, fut encore soutenu par la citation des opinions les plus avérées qui s'y rattachent. Par le même motif, nous avons dû citer le nom scientifique latin le plus connu, pour que les étrangers, dont les noms français sont ignorés, trouvent, dans la désignation latine, adoptée de toute l'Europe, un moyen mnémonique d'appliquer le terme vulgaire en usage dans sa patrie. Le Savant ne lira donc rien dans ce Livret qu'il ne connaisse déjà, mais le curieux y puisera des notions suffisantes pour avoir, de chaque objet, les connaissances qu'il lui importe d'acquérir.

CATALOGUE.

1

LE COCOTIER *(Cocos Nucifera.)* Ce Palmier croît dans toutes les parties de l'Inde, de l'Afrique et de l'Amérique ; il rapporte à dix ou quinze ans, et fructifie plusieurs fois dans l'année.

A A représente une des spathes qui naissent à la base des longues feuilles dont la tête de l'arbre est couronnée. On a saisi le moment où elle se déchire et laisse apercevoir la panicule non épanouie, autrement dit l'axe d'où vont diverger les rameaux à fleurs auxquelles doivent succéder les fruits. Si l'on coupe une de ces sphates encore verte, la plaie distille une liqueur agréable, que l'on appelle *vin de Palmier*, dont on extrait ensuite du sucre brut, de l'eau-de-vie et de l'arack.

B La panicule entièrement épanouie et la spathe restée sèche par-dessous. **C** Fruits coulés. **D** Fruits parvenus a leur grosseur. **E** Quatre rameaux à fleurs, détachés de la panicule et portant des ovaires de différens âges.

F Le brou qui enveloppe la noix, coupé jusqu'aux fibres de cette dernière ; on obtient de ce brou, une bourre filamenteuse, excellente pour calfater, et dont on fait des cordages plus durables que ceux de chanvre.

G Deux noix, dans différens degrés de maturité, coupées transversalement, et laissant voir, à l'intérieur, leurs amandes. Le lait de Coco, si réputé, est contenu dans ces amandes en plus ou moins grande abondance, selon que le fruit est plus ou moins mûr. Les maris de l'Inde sont forcés de se mettre au lit et de ne boire que cela, pendant que leurs femmes sont en couche. L'amande a le goût de noisette. Fraîche, on la râpe et on la mêle dans les sauces, en guise de beurre. On en extrait encore une huile, rivale de celle d'amande douce, et qui, vieille, ne sert plus qu'à brûler ou pour la peinture.

H Le germe commençant à paraître.

I L'amande renfermant le germe déjà plus fort.

K La noix fibreuse contenant l'amande et le germe encore plus avancé.

L Enfin, le péricarpe ou brou, flétri, traversé par les racines et recouvrant la noix, l'amande et le germe avec les feuilles séminales développées. A la base de ces dernières est une toile naturelle, **M**, dont on fait des tamis et des petits sacs, pour garantir les fruits de l'attaque des oiseaux.

Le Cocotier, comme on le voit, est essentiel dans toutes ses parties. Son tronc, qui atteint jusqu'à 120 pieds de hauteur, jeté sur les ravins, y sert de pont. Ses feuilles font la toiture des cabanes ou se convertissent en une foule d'ustensiles de ménage. Les Indiens le font naître du sang de

Ceuxi, immolé par son père *Ixora*, dans un accès de jalousie, aussi les Malabars sont-ils dans l'usage, lorsqu'ils se marient, d'échanger une de ces noix, symbole de la confiance qu'ils doivent avoir l'un pour l'autre.

2 *et* 2 *bis*.

LE COCOTIER DE MER (*Lodoïcea Seychellarum*). Que d'erreurs ont été entassées sur ce Latanier! Buffon lui-même a imprimé qu'il végétait à de grandes profondeurs dans la mer! Ses noix, qu'on rencontrait flottant au milieu des archipels asiatiques, seules parties de ce végétal alors connues, avaient donné lieu à pareille conjecture. Aujourd'hui, la petite île Praslin, sa patrie, n'est plus ignorée. C'est sur ce seul point du globe qu'on peut le rencontrer; il y croît sur les rochers ou dans les sables, au bord de la mer. Ses feuilles immenses, plissées et arrondies, comme un éventail, ont jusqu'à trente pieds de diamètre. Il n'en faut qu'une centaine pour entourer, couvrir et diviser une habitation. Elles sont un excellent *papyrus*. On en tresse des nattes, des chapeaux et des paniers; elles portent, de plus, un duvet semblable à de la ouate, dont on fait des matelas et des oreillers. Cet arbre immense rapporte ordinairement à trente ans, et non à cent, comme on l'a encore écrit. Ses fruits, curieux et bizarres, s'échappent comme ceux du cocotier précédent, au nombre de cinq ou six, d'une panicule que l'on appelle *régime*. Ils sont plus d'une année avant d'atteindre leur maturité, et restent quelquefois trois ans à se détacher de leur tige. Les deux planches en offrent l'analyse complète :

A A Le chaton mâle entier, couvert de ses fleurs épanouies.

B Le régime femelle, chargé de fruits de différens âges, dont un arrivé à son plus haut période.

C Un coco coupé transversalement et laissant apercevoir la chair de son brou, de sa noix, et de son amande encore verte.

D D La noix coupée en deux coques, dans l'une desquelles est restée une partie cassée de l'amande sèche.

E L'amande entière dans son état de maturité.

F F Deux degrés de germination différens.

G L'amande flétrie et traversée par le germe courbé.

H Enfin, la noix entière renfermant l'amande, et le germe qui a pris une direction différente.

L'amande est dure comme la corne et inutile; verte, elle contient une gelée blanche et transparente, assez bonne, mais qui, en aigrissant, prend l'odeur, la couleur et la consistance de la substance humaine. Une ancienne superstition des Indiens voulait que l'amande renfermât, dans une de ses cuisses, un poison violent, et dans l'autre l'antidote. Les Sultans du Malabar attribuaient aussi aux coupes faites avec le *Tavarcané*, ou noix de ce coco, des vertus surnaturelles, telles que de faire perdre, au poison le plus actif, ses propriétés et de le rendre à l'instant un breuvage anodin. Ces fables avaient fait rechercher les Cocos de Mer, avec un empressement tel, qu'il s'en est vendu dans l'Inde, jusqu'à 300 roupies (750 fr.); mais le merveilleux a disparu, et ces mêmes cocos n'ont plus aujourd'hui de prix que pour les naturels du pays, qui en font des seaux, des plats, des écuelles, etc., aussi les surnomme-t-on *la Vaisselle de l'île de Praslin.*

3

LA CAMBARE DE JAVA (*Tacca Phallifera*), improprement dite Igname, à l'Ile de France. La fleur **A** et la tige à feuille **B** de cette oroïde singulière, se succèdent alternativement, de six mois en six mois, sur le même tubercule, **C**, qui leur donne naissance et qui, préparée, devient une substance farineuse, alimentaire aux Moluques. **D** en représente la section transversale. Cette fleur ne croît nulle part aussi facilement que sous le beau ciel de l'Ile de France, où elle a été introduite en 1823. Elle y devient gigantesque, exhalle, en s'épanouissant, une odeur cadavéreuse, et fait sentir, au toucher, une chaleur de 5 à 6 degrés. Un navigateur à jamais célèbre, celui que l'Astrolabe, après mille périls, mille travaux glorieux, vient enfin de ramener au sein de sa patrie et de ses amis, heureux et fiers de le posséder, M. le capitaine Dumont d'Urville, lors de son premier voyage autour du monde, en 1824, reçut, à son passage à l'Ile de France, de M. d'Argentelle, son parent, plusieurs tubercules de cette Cambare, qu'il cultiva avec soin sur son bord, et qu'il eut le plaisir de voir fleurir au moment où il doublait le Cap de Bonne-Espérance. Dès le lendemain la fleur était déjà fanée. En débarquant à Toulon il les remit à M. Robert, directeur du jardin de cette ville, où ils continuèrent de végéter pendant deux ans, mais sans fleurir. Il a vu cette plante en très-grande quantité à O-Taïti, à Borabora, Tonga-Tabou, Vanikoro et à la Nouvelle-Irlande, mais toujours sans fleur; aussi trouve-t-il moins étonnant que les voyageurs qui l'ont précédé n'en aient jamais fait mention.

4

L'extrémité de la tige **DU SAGOUTIER** *(Cycas Circinalis)*, surmontée de son chaton mâle et de ses feuilles, tronquées en partie. Ce Palmiste est remarquable par l'élégance et la majesté de son port. On le plante dans les jardins, aux extrémités des avenues et devant les édifices, pour en orner l'entrée. Son chaton, à l'époque de l'épanouissement, répand une odeur si forte, qu'on la sent d'une demi-lieue. La moelle de l'intérieur du tronc donne le Sagou, nourriture ordinaire aux îles Mariannes. A part, sur la même planche, est une tige femelle fécondée, **A**, avec l'analyse de ses graines, **B B**.

5

Le sommet entier d'une tige **DE VAQUOIS**, *(Pandanus. . . . ?)* avec ses feuilles et fruits, l'un entier, **A**; l'autre, **B**, dégarni d'une partie de ses drupes, pour en faire voir l'insertion. Une d'entr'elles, **C**, parvenue à la maturité, semble se détacher naturellement; les autres, **D**, **E**, **F**, déjà vieilles et pourries, laissent voir leur intérieur fibreux et hérissé de crins, comme une véritable brosse. L'amande du fruit, **G**, est âcre et détestable. Les feuilles de l'arbre, longues et souples comme le roseau ont seules une utilité marquée. On en tresse des nattes, des paniers, des corbeilles, des *satous* ou calottes que les naturels portent sans cesse pour se garantir la tête de l'action du soleil. Le Café, le Sucre, et en général toutes les denrées coloniales arrivent en Europe dans des sacs ou enveloppes de feuilles de Vaquois. Cette espèce n'estpas encore bien connue et paraît spéciale à l'Ile de France, où elle croît dans les forêts.

6

LE JACQUIER, *(Artocarpus Integrifolia)*. L'Ile de France est la partie des Indes qui fournisse les plus gros de cette espèce ; il est des Jacks qui pèsent jusqu'à cent livres. La nature prévoyante a placé ces masses à très-peu de distance de terre, sur les grosses branches ou sur le tronc de l'arbre lui-même, qui en porte rarement plus de huit ou dix. Leur pulpe est sucrée et se mange crue, mais on est obligé de la faire préalablement tremper dans l'eau, pour lui faire perdre certaine odeur désagréable, qu'il est inutile de nommer ici. Leurs amandes sont bonnes grillées ou bouillies, commes des châtaignes, et le lait épais qui découle de l'arbre, ainsi que des différentes parties du fruit, fait une glue tenace pour la chasse aux oiseaux.

7

L'ARBRE A PAIN, à graines avortées, *(Artocarpus Incisa, Apyrena)*. Les habitans des mers du Sud trouvent, dans cet arbre, tous les avantages possibles. Dans ses chatons, ou fleurs mâles, un bon amadou; dans sa seconde écorce, des toiles et des vêtemens durables; dans son bois, des canots, des pirogues, des maisons, et dans ses feuilles de quoi couvrir ces dernières. Enfin, dans son fruit bouilli ou grillé sur des pierres chaudes de fours souterrains, un aliment solide et sain, base essentiel de leur nourriture, dont la saveur est celle d'une mie de pain frais, mélangé d'artichaut ou de topinambour.

8

L'ARBRE A PAIN, à graines, *(Artocarpus Incisa)*, moins estimé que le précédent. On en prépare les graines comme celle du Jack. (Voyez 6.)

9

Le sommet entier d'une tige **DE PAPAYER** *(Carica Papaya)*, avec les fleurs femelles et quinze fruits de différens âges. Une des longues feuilles est détachée et posée négligemment, de manière à donner une idée des autres qui sont tronquées à leur naissance, et qui devraient retomber en parasol autour du tronc de l'arbre. Originaire de l'Amérique, le Papayer est cultivé dans toutes les colonies, à cause de l'excellence de ses fruits, assez semblables, par leur forme et leur goût, aux pastèques de la Provence; on en fait des conserves qui arrivent en Europe. Le lait de Papaye, encore verte, **A**, est un vermifuge efficace.

10

LE SAPOKAYER *(Lecythis ollaria)*, grand arbre du Brésil, dont le bois liant et durable dans l'eau, est recherché pour les constructions de machines et de pilotis. Son fruit, dur et ligneux, surnommé *Marmite de singe*, à cause de son extrémité convexe, qui s'ouvre comme un couvercle à l'époque de la maturité, renferme des amandes très-bonnes, et que l'on prépare comme celles du Jack. (Voyez 6.)

11

LE DANDA *(Actinophyllum angulatum)*, bel

arbre du Pérou ; son écorce est bonne pour le flux de sang. Fruits inutiles.

12

LE CHELTA *(Dillenia speciosa)* de Java et du Malabar. On le cultive pour ornement, et il s'élève à une vingtaine de pieds ; le fruit n'est bon à rien.

13

LE NÉFLIER DU JAPON, ou **BIBASSIER** *(Mespilus Japonica)*. L'odeur de ses fleurs est agréable ; chaque branche est terminée par une grappe de fruits jaunes, veloutés, sucrés et légèrement acidulés. On en fait des gelées et des marmelades, des compotes, etc.

14

LE MANGUIER DE GOA *(Mangifera domestica)*, grand et bel arbre fruitier, réputé par sa beauté et ses bons fruits, qui le cèdent à peine à ceux du Mangoustan. (Voyez 65.) La meilleure pêche d'Europe ne saurait être comparée, avec avantage, à leur pulpe sucrée, laiteuse et fondante. On en fait des compotes et des conserves superfines.

15

LE MANGUIER DOMESTIQUE *(Mangifera domestica)* du Brésil et de l'Inde. Ses fruits, moins réputés que ceux du précédent, ont une légère odeur de térébenthine. Leurs pulpes, plus ou moins filamenteuses, les a fait surnommer *Mangues à perruques*. Vertes, on les emploie en achars; mûres, on les mange crues ou macérées dans le vin comme la pêche. Leurs amandes, extrêmement amères, sont un vermifuge. Les différentes espèces de mangues sont nombreuses.

16

Cette planche en offre les variétés les plus remarquables.

17

LE MANGUIER A GRAPPES, VOUA SORINDI, de Madagascar, (*Sorendia pinnata*). On cultive beaucoup cet arbrisseau à l'Ile de France; les fruits ont une odeur de térébenthine, d'une force extraordinaire. Néanmoins on s'y accoutume sans peine; ils sont, d'ailleurs, sucrés et estimés.

18

PLANTE des ravins humides et des forêts de Maurice (*Bœhemeria*).

19

LE PLAQUEMINIER DU JAPON (*Diospyros kaki*). Ses fruits, pour être mangeables, ont besoin d'avoir atteint leur maturité complète et de se détacher naturellement de l'arbre. Leur pulpe, vidée de ses noyaux ou graines, devient une confiture sèche, semblable, mais inférieure à celle de l'abricot d'Europe. On en obtient encore, par la distillation, des boissons vineuses et des alcohols assez agréables. Ces produits entrent toujours dans les provisions d'hiver des Japonnais.

20

PRUNIER DE CHINE (*Prunus sinensis*). Inférieur à ceux d'Europe.

21

LE GOYAVIER DES SAVANES (*Psidium pommiferum*). Indes occidentales. Le parfum du fruit tient de la framboise et de la fraise. On en fait des gelées, des pâtes sèches, qui arrivent en Europe.

22

LE GOYAVIER DE CHINE (*Psidium sinense*). Moins estimé que le précédent.

23

L'ARBRE A PAPILLONS (*Triopterus....?*), espèce d'érable des forêts de Maurice. La graine a le goût de noisette et donne une bonne huile à manger.

24

L'AVOCATIER (*Laurus persea*). Indes occidentales. Remarquable par sa hauteur, la beauté de son feuillage et de son port. La pulpe butireuse et fondante de l'avocat, ne peut mieux être comparée, pour le goût, qu'à une tourte à la moelle de bœuf. On la mange ordinairement, comme le melon, avec les viandes et du sel. Le suc de sa grosse amande broyée, sert à marquer le linge.

25

TRONC DE BOIS TAMBOUR (*Ambora Tambourissa*), arbre de forêts, bon pour les constructions. Fruits inutiles.

26

LE CACAOYER (*Théobrama cacao*). La vente de ses amandes, pour la composition du chocolat, forme une branche de commerce considérable en Amérique, particulièrement à la Guyane, au Mexique, sur la côte de Caraque, où il croît en abondance. Ces amandes fournissent encore une huile qui s'épaissît naturellement, et qui reçoit alors le nom de *beurre de cacao*, que l'on emploie comme le beurre, en Europe. La taille de cet arbre est celle d'un cerisier; sa culture est productive et facile. Vingt nègres peuvent entretenir une Cacaoyère de 50,000 pieds.

27

LE SAPOTILLER D'AMÉRIQUE, *à fruits ronds* (*Achras sapota*). On le cultive dans les Antilles et surtout à Saint-Domingue, pour son fruit, qui y est regardé, avec raison, comme le meilleur de ce pays, après celui de l'oranger.

28

LE SAPOTILLER NÉGRO (*Caïnito Chrysophillum*), moins estimé que le précédent.

29

LE CANNELLIER DE CEYLAN *(Laurus cinamonum)*. Des eaux balsamiques distillées de ses fleurs et feuilles, une huile essentielle aromatique et médicale, qui découle par incision de son écorce encore fraîche, et que les Hollandais vendent, dans l'Inde, au poids de l'or, du camphre et des sels volatils, extraits de sa racine, des odeurs de rose, de girofle et de genièvre produites par la résine de ses vieux troncs; enfin, une cire donnée par son petit fruit bleuâtre, et dont on fabrique des bougies naturellement odoriférantes, telles sont, en peu de mots, les richesses du cannellier, que les rois de l'Inde se réservent exclusivement pour leur usage et celui de leur cour. Sa seconde écorce, dont on fait la récolte deux fois par an, est le seul de ses produits qui nous parvienne, sous le nom de *Cannelle*. On estime à des millions l'importation que les Hollandais en font en Europe, et chacun connaît les avantages qu'en retirent l'hygiène et l'art culinaire. Originaire de Ceylan, le Cannellier se cultive maintenant avec succès à l'Ile de France, à Cayenne et aux Antilles.

30

Deux espèces de **TAMARINS DE L'INDE** *(Tamarindus Indica)*. L'un doux, **A** ; l'autre acide, **B** ; ce dernier est le plus estimé, on en fait de très-bonnes confitures au sucre; on l'emploie encore en médecine. Les avenues plantées de ces arbres sont d'une hauteur et d'une beauté remarquable.

31

LE CALEBASSIER d'Amérique (*Crescentia cujete*). Son bois s'emploie en menuiserie. Les naturels vident son fruit, en sculptent et peignent la surface de toutes couleurs, et s'en servent comme des cocos et pour le même usage. (Voyez 2.) On vante l'efficacité du sirop de Calebasse pour les maux de poitrine, chutes et contusions.

32

LE VOUA-VOUNTAK (*Strycnos spinosa*), donne une espèce de noix vomique. (*Madagascar.*)

33

LE TANGHIN (*Cerbera*), est encore un poison de Madagascar, le plus horrible que l'on connaisse. Les oiseaux, les reptiles venimeux redoutent eux-mêmes l'ombrage de cet arbrisseau. Ce que ce végétal a de plus remarquable, est de servir, chez les Madécasses, à des épreuves judiciaires. Lorsqu'un individu est accusé d'un crime quelconque, le bourreau, nommé *Ampaz-Moussavaz*, lui tend, en présence des *Cambars* ou Assemblées publiques, une coupe empoisonnée avec l'amande du fruit; s'il résiste à cette terrible épreuve, ce qui arrive à un sur cinq, soit par supercherie, soit par l'effet d'une évacuation subite, son innocence est proclamée, et ses accusateurs deviennent à l'instant ses esclaves. Le respect du peuple pour ces sortes de jugemens de Dieu, auxquels on soumet la décision d'un procès criminel, va jusqu'au fanatisme. On rapporte qu'un coupable, espérant l'impunité, venait de laisser boire le fatal breuvage à un de ses compatriotes, accusé de son propre crime. Le remords, à la vue du malheureux qui expirait à sa place, et dont il s'attendait à voir l'innocence reconnue, lui fit percer la foule et déclarer hautement la vérité. Aussitôt une rumeur générale s'éleva contre lui, et il fut condamné à être suspendu, pendant deux heures, par les pouces, non pas pour le crime dont il s'avouait et dont il était vraiment coupable, mais pour avoir osé attaquer l'infaillibilité du *Tanghin*.

34

LA NOIX DAREC, *Fruit du Chou-Palmiste Arêquier (Areca oleracea).* Elle est acerbe comme le gland du chêne ; néanmoins, les Indiens en font grand cas pour la composition de leur Bétel (1). Son amande donne une très-bonne

(1) Le Bétel est un amalgame de parfums de Chaux d'Arec, de Cachou et de feuilles de Bétel, qu'ils ont sans cesse dans la bouche, qui leur teint la salive en rouge purpurin, et qu'ils mâchent et remâchent ainsi que l'on fait du tabac,

huile à brûler ; on en tire encore une fécule gommo-résineuse, que l'on a prise long-temps pour le Cachou, et qui jouit, en effet, d'une partie des propriétés de cette substance.

35

FRUITS DU RONDIER LONTAR (*Borassus flabelliformis*) de l'Inde et des îles qui en dépendent. On a prétendu que ce palmier ne fructifiait qu'une fois dans sa vie, et encore que cette opération était en lui le dernier effort de la nature, puisqu'il périssait peu de temps après; mais c'est une fable : il rapporte tous les ans. Du reste, ses fruits ne servent qu'à sa reproduction.

36

LE MOLAVI (*Heritieria littoralis*), grand arbre qui croît sur les rivages. On le cultive par ornement.

37

LE LITCHI PONCEAU (*Euphoria punicea*). Chine. Le fruit de cet arbre fait les délices de tous les pays où on l'a transplanté, on le

---

en Europe, jusqu'à ce qu'il ne reste plus qu'un marc insipide. Ils attribuent à cette mastication continuelle, de grandes vertus stomachiques, mais la vérité est, que c'est plutôt une habitude ou un passe-temps. Ils en portent toujours sur eux, et ne pas en offrir à l'ami que l'on rencontre, est une marque de dédain. On rapporte que deux Rois de l'Inde, dont les états étaient limitrophes, se firent une guerre sanglante parce que l'un d'eux n'avait pas abordé l'autre la boîte de Bétel à la main.

sèche au four pour le conserver et l'exporter. Sa pulpe rivalise avec le meilleur raisin muscat.

38

LE LITCHI LONGANNIER, *OEil de dragon (Euphoria longana)*, fruits vineux, moins estimés que ceux du précédent.

39

LE BIBO *(Semicarpus anacardium)*. Inde. Le fruit fait une belle teinture noire, et le suc de l'amande sert à marquer le linge d'une manière indélébile.

40

. . . . ?

41

LE FIGUIER DU BENGALE *(Ficus Bengalensis)*, vulgairement dit : *Multipliant et Arbre de Pagode*. Il a trente ou quarante pieds de hauteur, une cime étendue et un tronc fort épais. Ses branches sont nombreuses ; elles donnent naissance à des espèces de jets cylindriques, dépourvus de branches et de feuilles, qui descendent jusqu'à terre, s'y enracinent et deviennent quelquefois aussi gros que l'arbre lui-même. Ils se *multiplient* à l'infini et leurs entrelacemens rendent les passages des lieux où ils croissent presque impénétrables. Les Banians leur donnent une direction et en forment des voûtes régulières qui leur tiennent lieu de *Pagode*, où ils placent leurs idoles.

Ces jets, lorsqu'ils sont petits, font des cordages et des harts d'une force extraordinaire. Le fruit ne sert à rien.

42

LE MONBIN, ou **HÉVY**, Arbre de Cythère (*Spondias Cytherea*), est un grand arbre très-commun à O-Taïti, sa patrie. Bougainville, qui avait nommé cette île : Nouvelle Cythère, donna également aux fruits de l'Hévy, le nom de *Pommes de Cythère*. Elles sont, en effet, délicieuses dans leur pays natal, et de beaucoup supérieures à celles de l'Ile de France, qui ont dégénéré, et dont la chair filandreuse a faiblement le goût de la pomme de raînette. Les O-Taïtiens mâchent les feuilles de cet arbre, qui ont l'acidité de l'oseille, et creusent des pirogues dans son tronc. Leur mythologie dit que, lorsque *Taroa* créa le monde, il envoya au ciel un oiseau chercher des pépins de ce fruit, pour en peupler l'île heureuse qu'il venait de tirer du chaos.

43

LE MONBIN, Prunier de la Jamaïque, (*Spondias mirobolana*). Il découle une gomme aromatique de son écorce. Ses fruits nombreux sont peu estimés; on les sert ordinairement confits.

44

LE JAM-ROSA de l'Inde *(Eugenia jambos)*, de la hauteur d'un beau pommier. Ses fruits communiquent leur parfum de rose délicieux à toute espèce de liquide. On en fait des limonades, des compotes, des liqueurs superfines qui entrent dans le commerce. Les habitans du Malabar ont une grande vénération pour cet arbre, parce qu'ils prétendent que leur Dieu Witsnow est né sous son ombrage.

45

LE JAM-MALAC de la presqu'île de Malaca *(Eugenia Malaccensis)*. L'odeur de rose n'est pas aussi forte dans ses fruits que dans ceux du précédent, mais ils sont plus sucrés et plus recherchés. L'écorce de l'arbre, infusée, calme la dyssenterie.

46

LE JAM-LONG des Moluques *(Eugenia Jambolana)*, peu estimé. Les noirs le mangent crû, avec du sel ou du poisson.

47

LE MAKOUPA, Chine, *(Eugenia Makupa)*. Ses fruits, peu sucrés et d'une fadeur insipide, répondent peu à leurs belles couleurs; on le cultive par ornement. La même planche en offre deux variétés.

48

LE ROUSSAILLER (*Eugenia piperita*), d'une quinzaine de pieds de hauteur, fait de jolies allées de jardin. Aux grandes Indes, à la Chine et dans l'Amérique méridionale, le goût de ses fruits, légèrement poivrés, plaît généralement.

49

PRUNES DE MADAGASCAR (*Flacourtia ramontchi*). Elles sont âpres ; on les confit.

50

LE CARANDA (*Carissa carandas*). Fruits assez insignifians.

51

ORANGINES DE CHINE (*Limonia trifoliata*). On en fait des confitures sèches et liquides, qui s'envoient jusqu'en Europe et qui s'y débitent sous le nom de *Chinois*.

52

BOIS AMER D'ARABIE (*Carissa Xilopicron*). Ses vertus purgatives sont si fortes, qu'il les communique dans l'instant à l'eau dans laquelle on le met infuser. Il est bon pour les ouvrages de tour. Ses fruits sont inutiles.

53

LE POMMIER DE CAJOU, et non d'*Acajou*, comme on le dit improprement chaque jour,

(Cassuvium pommiferum). Cette corruption de nom pourrait encore le faire confondre avec l'Acajou, bois du Mahogon, dont on fait les meubles en Europe. Le bois de celui dont il s'agit ici, n'est bon qu'à faire des fascines pour brûler. Son véritable fruit est la petite noix qui pend à l'extrémité de la pomme, et non cette dernière, qui n'est qu'un réceptacle charnu, filandreux et âcre, que l'on ne parvient à manger qu'à force de sucre. L'amande de la noix est plus délicate que l'aveline ou la pistache; mais son enveloppe contient une huile caustique, qui ferait naître de suite des ampoules, si on la portait à la bouche.

54

LE GANITRE COPALLIFÈRE de Ceylan *(Hymœnea verrucosa)*, distille la véritable résine copalle, dont on fait en Europe les plus beaux vernis.

55

LE SUMACH COPALLIN de l'Inde *(Hymœnea courbaril)*, résine moins estimée; même usage. Son bois, et celui du précédent, s'emploient en constructions.

56 *et* 57

Deux espèces de **GOMARTS** *(Bursera)* des forêts de l'Ile de France; de leurs écorces découle une sorte de colophane ou résine, qui entre dans le commerce. Le dernier de ces deux arbres, 57, est de plus excellent pour les constructions navales; on en fait des canots d'un seul morceau, dans le genre de ceux de bois de fer blanc. (Voyez 84.)

58

LE CAFIER D'ARABIE *(Coffea Arabica).* Ce sont les Orientaux qui nous ont transmis l'usage du café. On prétend, et le fait est vraisemblable, que la première expérience en est due à la vigilance d'un supérieur de monastère d'Arabie qui, sur les relations des effets produits par ce fruit aux animaux qui en mangeaient, en fit boire l'infusion à ses moines, pour les tenir éveillés pendant ses prédications. Les Hollandais l'ayant transporté à Amsterdam et à Batavia, le Stathouder d'alors en envoya, au Roi de France, quelques échantillons qui multiplièrent dans les serres du Jardin des Plantes. Enfin, en 1720, M. de Clieux, partant pour la Martinique, en emporta, de Paris, deux jeunes plans qu'il conduisit à bon port, à force de soins assidus. Au bout de trois ans, ils donnèrent assez de graines pour en distribuer aux colons, et c'est de ces graines qu'est sortie l'innombrable génération de cafiers qui couvrent aujourd'hui les montagnes de la Martinique, de la Guadeloupe, de Saint-Domingue et des autres Antilles.

59

LE GIROFLIER *(Caryophillus aromatica)*. Le clou de girofle n'est autre chose que la fleur cueillie avant la fécondation du pistil. Si l'on attend que le germe ait été fécondé, et qu'on le laisse grossir, il se change en une baie d'un rouge-brun ou noirâtre, **A**, de la grosseur d'une olive, contenant une ou deux graines dures et longues, **B**. Tel est le véritable fruit ou semence du giroflier; on l'appelle *Clou-Matrice*. Les Hollandais le confisent et le mangent après le repas, comme digestif et anti-scorbutique; du reste, il est moins estimé que le clou-fleur; ce dernier est même le seul marchand.

Il faut cinq mille clous parfaits pour faire une livre; chaque giroflier, l'un dans l'autre, en donne une vingtaine de livres; il en est pourtant sur lesquels on en a récolté plus de cent, mais ce sont des individus isolés qui ont été élevés et cultivés avec un soin qui deviendrait ruineux pour chaque pied d'une giroflière. Originaire des Moluques, le clou de girofle de l'île d'Amboine est maintenant le meilleur et le plus estimé. Son usage, ses essences et leurs propriétés, sont trop connus pour les relater.

60

LE CARAMBOLIER *(Averroha Carambola)*, arbre de moyenne grandeur, des Indes occidentales ; il fructifie deux ou trois fois par an ; ses baies excitent l'appétit et se mangent crues ; on les confit et on les ordonne dans les fièvres bilieuses.

61

LE CARAMBOLIER CYLINDRIQUE *(Averroha bilimbi)*. Les fruits de cette espèce sont d'une acerbité extrême ; on les fait macérer dans le sel ou le vinaigre, pour les adoucir, et on les assaisonne avec les viandes et le poisson, comme des câpres. Leur jus, tout pur, fait disparaître, à la minute, les taches d'encre e de rouille les plus tenaces.

62

LE CARAMBOLIER A FRUITS RONDS *(Cicca disticha)*. Troisième espèce, supérieure aux deux précédentes. On en fait d'excellente confitures, dont le goût tient de l'épine-vinette.

63

LE BONNET CARRÉ *(Barringtonia speciosa)*, que Bougainville nomma ainsi le premier, pour faire allusion au bonnet de docteur de son célèbre compagnon Commerson, est un grand et bel arbre d'ornement, qui croît sur tous les rivages des îles Asiatiques et Océaniennes. Les habitans se servent de la noix du fruit, broyée et mélangée à des alimens, pour ennivrer le poisson et se procurer ainsi, sans fatigue ni efforts, des pêches abondantes. On obtient, en Europe, le même résultat avec *la Coque du Levant.*

64

LE PAMPLEMOUSSIER *(Citrus decumanum),* Oranger de Chine. Petite espèce, généralement préférable à la grosse, dont le fruit est du double et souvent du triple, selon les contrées. On en fait d'excellentes limonades et des conserves en abondance.

65

LE MANGOUSTAN *(Garcinia Mangostana),* de la côte de Malabar. Son fruit est généralement reconnu pour le plus exquis de l'Asie; son parfum possède, à la fois, la saveur de *la fraise*, du *raisin*, de *la cerise* et de *l'orange ;* sa chair est laxative, et son écorce astringente; la décoction de celle-ci est bonne en gargarisme et arrête le flux de sang. Les Chinois l'emploient encore dans la teinture noire, pour lui donner de la consistance.

66

LE BRINDAONNIER *(Garcinia Celebica),* autre espèce de Mangoustan des îles Célèbes, mais inférieur en tout au précédent; on en compose néanmoins de bonnes gelées et un sirop pectoral, qui est d'un usage journalier à Mahé; son écorce s'emploie également en teinture. On en extrait de plus un vinaigre dont les femmes se servent.

67

LE COROSSOL A FRUIT HÉRISSÉ *(Annona muricata)*, arbre de l'Amérique méridionale et de moyenne grandeur ; la chair de ses fruits est odorante, acidulée et de la consistance du beurre; ils sont très-estimés des créoles, mais ne plaisent pas d'abord aux Européens. Leur écorce porte une odeur de térébenthine ; on en obtient, par la fermentatiou, des boissons vineuses, plus ou moins agréables, dont on extrait ensuite du vinaigre et de l'eau-de-vie. La racine des corossols d'Asie sert à teindre les cotons en rouge.

68

LE COROSSOL CŒUR DE BŒUF *(Annona reticulata)*; moins estimé que le précédent.

69

LE COROSSOL A FRUIT ÉCAILLEUX, ou **ATTIER** *(Annona squamosa)*; troisième espèce, supérieure aux deux autres par sa délicatesse et le sucre de sa pulpe, dont le goût tient de l'ananas. Ses graines, réduites en poussière impalpable, détruisent à l'instant la vermine du corps humain.

70

. . . .
. . . . ?

71

LE VOUA-HEM (*Faterna elastica*), donne une espèce de Caout-chouc.

72

LE PONAY DE L'INDE (*Noronhea chartacea*). Ses fruits, ni bons ni mauvais, sont anti-scorbutiques.

73

LE JUJUBIER DU LEVANT (*Rammus ziziphus*), grand arbrisseau ; il croît naturellement dans le Languedoc, la Provence, et en général dans le midi de l'Europe ; ses fruits sont nourrissans et agréables, quoique un peu fades. On connaît ses propriétés médicales, et on se rappelle qu'on l'a pris long-temps pour l'*Arbre des Lotophages*, auquel les anciens attribuaient l'oubli de leurs chagrins et de leurs souffrances.

74

LE MASSON (*Rhamnus jujuba*), autre Jujubier des Indes occidentales, fort estimé des Indiens. On dit que cet arbrisseau est souvent chargé, en été, de fourmis aîlées, qui font la gomme laque sur ses branches.

75

LE WAMPI (*Cookia punctata*), arbre de la Chine ; on mange ses fruits assez agréables.

76

LE KANKI (*Mimusops*). Même patrie. On

en extrait des aromates pour les appartemens des Mandarins. Ses graines fournissent de l'huile aromatique, et son bois, durable dans l'eau, s'emploie en constructions navales. Ses fruits farineux ne sont ni bons, ni mauvais.

77 *et* 78

LE CHAMPAC *(Michelia campaca)*, et le **CANANGA**, ou **ALANGUILLAN** *(Uvaria longifolia)*, sont cultivés avec le plus grand soin aux Açores, aux Moluques et à la Chine, à cause de l'odeur agréable qu'ils répandent autour des habitations. Les belles d'outre-mer, doivent aux fleurs et aux semences de ces deux arbres, leurs essences et leurs parfums de toilette.

79

LA GRENADILLE, ou **FLEUR DE LA PASSION** *(Passiflora.....?)*, plante sarmanteuse et grimpante des contrées chaudes de l'Inde occidentale; elle s'élève très-haut et prend toutes les directions que lui donne la main du jardinier; on en garnit des berceaux et des tonnelles. Le premier de ses noms lui vient de son fruit, qui ressemble un peu, par la forme et le goût, à celui de la *grenade*. Le second, de ce que l'on a crû remarquer, dans les diverses parties de sa fleur, quelques rapports avec les instrumens de la Passion de Jésus-Christ. Elle fleurit dans les serres chaudes et dans le midi de la France. Son fruit est très-agréable.

80

LE POLCHÉ *(Hibiscus populneus)*. Inde et Madagascar. On fait des cordages et des étoffes avec son écorce filamenteuse, qui est très-tenace et très solide.

81

FIGUIER SAUVAGE des Forêts de Maurice *(Ficus Mauritiana)*. Ses fruits sont très-estimés..... des singes.

82

LE MURIER DE JAVA *(Morindia citrifolia)*. Les noirs mangent ses fruits, malgré leur saveur amère et brûlante; les feuilles sont émollientes, diurétiques et emménagogues; son écorce donne une belle teinture jaune, et ses racines une riche couleur rouge.

83

BOIS DE NATTE..... *(Imbricaria)*, grand arbre de forêt, d'un rouge-corail, dont on fait de beaux meubles; il est facile à fendre comme des lattes, et on en fait des bardeaux ou planchettes, de la gandeur et épaisseur d'une forte tuile pour couvrir les maisons.

84

BOIS DE FER BLANC, **TÊTE DE MAURE** *(Sidroxilon cinereum)*, arbre de forêt, immense, de quatre pieds de diamètre, bon pour bâtisses, charpentes, menuiseries, etc..... Son tronc creusé fait des pirogues d'une seule pièce, qui ont jusqu'à vingt pieds de long, et qui peuvent contenir une quinzaine de personnes à l'aise.

85

LE NOYER DE BÉCHEN *(Unona uncinata)*, grand arbrisseau du Malabar; on le cultive par ornement et non pour ses fruits.

86

DEUX GRAPPES DE DATTES, *d'espèces rouge et jaune (Phœnix dactilifera)*. Elles croissent naturellement dans les terrains sablonneux de l'Inde, de l'Arabie et de l'Afrique septentrionale. Vertes, elles sont acerbes; ce n'est que lorsqu'elles sont sèches et confites dans leur propre sucre, par l'action du soleil, qu'elles acquièrent la saveur que chacun leur connaît. On en extrait des sucs mielleux, bons pour la toux et les maladies de poumons. Dans beaucoup de Colonies, où les moyens de subsistances abondent, on en nourrit et engraisse les bestiaux; mais elles sont plus précieuses pour les Arabes. Ils en obtiennent du vin et de l'eau-de-vie, en les écrasant dans l'eau; ils les réduisent encore, par la calcination, en une espèce de farine alimentaire des Caravanes qui traversent leurs déserts, et n'en réservent que les noyaux concassés et amollis par des procédés à eux, pour la nourriture de leurs chameaux et de leurs coursiers.

87

LE MURIER VERT de Madagascar (*Morus viridis, Vulgò ampalis*). Les fruits ne sont que mangeables; on le cultive plutôt à cause de son ombrage épais.

88

CALABA DE L'INDE (*Calophyllum lanceolarium*). Son bois dur, compact et d'un rouge-corail; fait de très-beaux meubles; son écorce distille la Tacamaque, ou Baume vert, résine visqueuse, que l'on dit vulnéraire, nervale et dont les Indiens font une panacée pour tous les maux.

89

CALABA de Madagascar (*Calophyllum Inophyllum*), dit *Arbre à Huile*. Les amandes de ses fruits en donnent, en effet, de très-bonne à brûler, et en grande abondance. Le tronc de cet arbre, remarquable, sous tous les rapports, atteint souvent des dimensions colossales. M. Lesson, naturaliste distingué, à bord de la Coquille, qui fit le tour du monde en 1824, rapporte en avoir observé un, à la Nouvelle-Irlande, qui n'aurait pu être embrassé par quinze personnes.

90

LE SAVONNIER (*Sapindus Saponaria*). Les fruits de cet arbre deviennent, en murissant, d'un jaune transparent ; ils se convertissent, par le frottement, en un savon très-blanc, dont on fait un usage général dans l'Inde, pour nettoyer le linge et la soie.

91

CARDAMOME DE MADAGASCAR *(Amomum Madagascarisiense).* Les graines et la racine de cette plante sont aromatiques ; on les emploie en cuisine et en médecine ; elles entrent dans la composition du *Bétel*. (Voyez 34.)

92

ZÉDOAIRE DE MAURICE *(Zinziber).* La racine infusée donne un goût de Gingembre agréable.

93

LE VANGUIER *(Vanguiera Edulis)*, arbre de Madagascar. Son fruit cotonneux est assez bon.

94

LE POIVRIER NOIR *(Piper Nigrum)* des Moluques, est une plante sarmenteuse et grimpante, qui s'élève comme la vigne, soutenue par un arbre ou par un échalas. Elle fleurit une ou deux fois par an, selon sa vigueur et le climat. Ses grappes, d'abord *vertes*, deviennent *rouges* à l'époque de la maturité, et *noires* après la récolte, par l'action du soleil. En ôtant *au poivre noir*, son écorce, on en fait le *poivre blanc ;* cette opération s'opère en le faisant macérer dans l'eau de mer ; son écorce extérieure, s'enfle, s'ouvre et on en retire facilement le grain, qui est blanc et que l'on sèche. Les Indiens en obtiennent, par la fermentation, un esprit brûlant; ils le font encore confire dans la saumure ou le vinaigre, et le mangent ainsi pendant les mois pluvieux. Chez nous, *le poivre noir* est celui qu'on emploie le plus en cuisine; mais *le blanc*, comme moins fort, est généralement plus recherché et servi sur les tables.

Autrefois les Hollandais étaient seuls en possession de vendre cette épice; mais l'illustre Intendant de l'Ile de Franc, M. Poivre, a introduit, dans cette colonie, *le poivrier*, qu'on y cultive avec succès, ainsi que dans la Guiane Française.

95

LE MUSCADIER AROMATIQUE à fruits ovales *(Myristica aromatica)*, des Moluques et surtout des îles de Banda. Il a de loin l'apparence d'un beau Citronnier; à l'époque de la maturité, l'enveloppe extérieure du fruit ou brou, s'ouvre en deux valves charnues, et laisse apercevoir la noix revêtue de son macis écarlate, qui la comprime et la sillonne de ses lanières. Aux Moluques, on la confit toute verte dans le Rhum; son huile essentielle est un liniment actif contre la paralysie; l'écorce de l'arbre distille un suc visqueux, d'un rouge-pâle, qui fait une teinture solide. L'emploi de la Muscade et de son macis est connu de tout le monde.

96

MUSCADIER SAUVAGE DE MADAGASCAR *(Myristica Sylvestris).* Ses noix n'ont ni la saveur ni les propriétés du précédent; néanmoins, la supercherie en introduit une grande quantité dans les ballots du commerce.

97

LE RAVENSARA ... *(Agatophillum Aromaticum)*, grand arbre à épices, de Madagascar; son fruit s'emploie en cuisine comme la muscade, et ses feuilles comme celles du laurier-sauce; on a commencé à l'introduire en Europe, où il est connu sous le nom de *quatre-épices*, ou *tout-épices.*

ÉCHANTILLONS de divers arbres de haute-volée des Forêts de Maurice, dont les fruits sont en général insipides, mais dont les bois sont d'une utilité marquée; savoir:

98 **BOIS JAUNE** *(Ochrosia Undulata).* Pour les constructions, menuiseries, etc.

99 **BOIS D'ÉBÈNE BLANC MARBRÉ** *(Diospyros Meladina).* Idem.

100 **BOIS DE COLOPHANNE BATARDE** *(Bursera).* Idem.

101 **BOIS DE POMME** (*Eugenia Glomerata*). Idem.

102 **BOIS DE CLOU** (*Eugenia.....?*) Idem.

103 **BOIS D'OLIVE** (*Eleodendrum Indicum*). Idem.

104 **BOIS DE FER** (*Stadtmania Ferrea*). Pour ouvrages de tour, et fabrication d'outils. Son fruit est acidulé; on en fait de bonnes confitures.

105 **BOIS PUANT** (*Fœtidia Mauritiana*). Bâtisses, charpentes, etc.

106 **BOIS DE CANNELLE** (*Laurus Copularis*). Idem.

107 **BOIS D'ÉBÈNE NOIR** (*Diospyros Ebenaster*). Objets de tour; etc. Le fruit n'en est pas mauvais.

108 **BOIS BENJOIN** (*Terminalia Benzoin*). Pour le charronage; il donne de plus une couleur jaune dont on teint les cuirs, et qui entre dans le commerce.

109 **IXORA MAURITIANA**, Arbuste d'ornement.

110 **BOIS DE NÈFLE** (*Eugenia Orbiculata*). Pour les constructions navales.

111 **BOIS DE LAIT** (*Tabernæ-Montana Persicariæfolia*). Léger, facile à ciseler; les Noirs

en façonnent leurs cuillères, ustensiles de ménage et fétiches. Le suc que l'arbre distille est un poison violent.

112 . . . . ?

Tous ces Bois employés, comme on le voit, dans le pays à des ouvrages grossiers, souvent même brûlés impitoyablement, sont réservés avec soin, en Europe, pour les ouvrages délicats de Tour, de Coffretterie, Ébénisterie, Tabletterie, et se vendent à la livre, fort cher; ils sont du nombre de ceux qui forment une branche de Commerce spéciale connue sous le nom de *Bois des Iles*.

FIN.

CARPORAM[illegible]

OU

EXPOSITI[illegible]

DE FRUITS ET DE PLANTES [illegible]

MODELÉS D'APRÈS NATURE, DE GRAND[illegible] COULEUR NATURELLES, AVEC [illegible] FLEURS, FEUILLES ET ACCESSOIRE[illegible]

Par

Feu **M. DE ROBILLARD D'ARGE[illegible]**

On voit encore, dans le même [illegible] foule de produits bizares de l'indus[illegible] Peuples Sauvages, des Instrumens de Mu[illegible] de Danse, de Sortiléges, des Armes, [illegible] nuscrits, des Costumes, des Tissus [illegible] d'écorce d'arbre, mille Objets enfin qui [illegible] offrir un attrait à la curiosité.

Les Salons de cette Exposition, curieuse [illegible] unique dans son genre, sont ouverts tous les jours, de 10 à 4 heures, rue Grange-Bat[illegible] n°. 2.

PRIX D'ENTRÉE 2f 50c.

www.ingramcontent.com/pod-product-compliance
Ingram Content Group UK Ltd.
Pitfield, Milton Keynes, MK11 3LW, UK
UKHW021131230726
13926UKWH00002B/730